Jürgen Bachmann

Einzelfallstudie auf der Basis von Alltagsbeobachtungen mit theoretischen Ableitungen

Der menschliche Körper besitzt, zumindest im Zusammenhang mit Wasser, die Fähigkeit den Atomkern der beteiligten Elemente zu verändern.

Der menschliche Körper besitzt die Fähigkeit zur Einlagerung von Wasser im Mehrfachen seines Gesamtgewichts .(Masse des Wassers im externen Zustand gemessen)

1. Auflage

Copyright Selbstverlag, Bremen 2001

Alle Rechte vorbehalten.
Die Vervielfältigung und Übertragung einzelner Textabschnitte, auch für Zwecke der Unterrichtsgestaltung, gestattet das Urheberrecht nur, wenn sie mit dem Verlag vorher vereinbart wurden. Im Einzelfall muss eine Vereinbarung über die Zahlung einer Gebühr für die Nutzung fremden geistigen Eigentums getroffen werden.
Das gilt für die Vervielfältigung durch alle Verfahren einschließlich Speicherung und jede Übertragung auf Papier, Transparente, Filme, Bänder, Platten und andere Medien.

Druck Books on Demand GmbH, Norderstedt

ISBN 3-8311-2035-8

Inhaltsverzeichnis

Darstellung des empirischen Befunds
　　　Seite 4-7

Biographische Begleitumstände des empirischen Befunds.
　　　Seite 8

Theoretische Ableitungen
　　　Seite 9-16

Vorschlag zur Überprüfung des Befunds
　　　Seite 17

Das Phänomen massiver Wassereinlagerung bei gesunden Personen
　　　Seite 18-20

Register
　　　Seite 21-22

Über den Verfasser
　　　Seite 23

Darstellung des empirischen Befunds

Im Dezember 1997 übernahm ich die Pflege einer schwer erkrankten Person.
Im weiteren werde ich diese Person A nennen. A war im Rahmen einer koronaren Untersuchung im Oktober 1997 innerhalb kürzester Zeit in erschreckender Weise geistig verfallen.
War er bis zum Oktober 1997 in der Lage ehrenamtlich einen Schullandheimverein und eine Altenheimstiftung zu leiten, machten ihm auf einmal die einfachsten Dinge ( Worte niederschreiben oder freihändig gehen ) fast unüberwindliche Schwierigkeiten.

Große Teile seiner Kommunikation bestanden in der Bildung sinnloser Sätze („Des Seins ist des Wesen Seins").

Sein Denken war von halluzinatorischen Inhalten angefüllt.
(„ Dieser Draht zieht durch das Zimmer")
Zudem war er auch nicht mehr in der Lage seinen Urin zu kontrollieren, so dass er katheterisiert werden musste.
Das Äußerste an Aktivität war ein kurzes Aufrichten im Bett und mit fremder Hilfe zu einem in der Nähe des Bettes befindlichen Stuhl geleitet zu werden , um dort für eine halbe Stunde zu verweilen.

Eine im November im Anschluss an den

Krankenhausaufenthalt durchgeführte Rehabilitationsmaßnahme führte zu keiner Besserung des oben beschriebenen Zustandes.

Im Februar 1998, noch in der Anfangsphase meiner Pflegetätigkeit, kam es sogar zu einer zeitweiligen Verschlechterung und A musste wegen akuten Sauerstoffmangels (Blauwerden im Gesicht, zeitweiliger Ausfall von Hirnfunktion) für zwei Wochen ins Krankenhaus.
Der pflegerischen Alltag beherrschte Aktivitäten und Ausrichtung meines Handelns und Denkens.
A war 1998 und die erste Hälfte 1999 katheterisiert.

In diesem Zusammenhang machte ich eine mir rätselhafte und zunehmend unerklärliche Beobachtung.
Jeden Tag bekam A ca. 1.4 l Leitungswasser ( eingefüllt in handelsüblichen Pfandflaschen) Er trank außerdem täglich zwischen 0.5 bis 0.7 l Milch.

Sein warmes Mittagsessen brachte eine Gesellschaft in die Wohnung (überwiegend Diabetikerkost mit ca. 500 kcal). Zudem bekam er morgens und abends zwei Schnitten Graubrot ohne Rinde
Tagsüber wurde häufiger 1 Becher Diabetikereis (100ml) gereicht.
Es kam auch ein Salatteller (ca. 300 gr) dazu.
In dieser Größenordnung, mit gewissen Variationen, spielt sich die Ernährung von A ab.
Es wurde in geringen Mengen auch Obst gegessen.

Da A in den ersten 16 Monaten seiner Pflege katheterisiert war, fiel mir besonders die große Menge Urin auf, die täglich ausgeschieden wurde. Dies wurde ermöglicht durch Entwässerungstabletten (Ödemase, Allopurinol 300, HCT).
In der Anfangszeit leerte ich täglich bis zu 6 Liter aus. Da ich mir Aufzeichnungen machte, stellte ich fest, dass der ausgeschiedene Urin auf täglich 4.5l abnahm, um dann wieder auf 6l anzusteigen.

Wäre dies nur 1 oder 2 Wochen der Fall gewesen, hätte mich dies nicht weiter verwundert.

Das ganze Jahr 1998 jedoch war davon gekennzeichnet.

Begleitet war dies von Verbesserungen beim Entwässern der Beine, mäßige Volumenabnahme im Bereich von Bauch und Becken.

Nicht verändert hat sich das Körpergewicht, im Gegenteil, es nahm noch leicht zu.

Macht man nun eine Wasserhaushaltstagesbilanz, so schwankt der Entwässerungsüberschuss unter Einberechnung von ca. 1l Verlust durch Atmen und Schwitzen und einer zusätzlichen Wasseraufnahme durch die Nahrung von ca. 1l , (leichte systematische Überschätzung dieses Faktors) in 1998 pro Tag zwischen 1l bis 3l.
Dies bedeutet, dass A in 1998 ein Mehrfaches seines Gesamtgewichts von 102 kg als Entwässerungsüberschuss in der Wasserhaushaltsjahresbilanz zugeordnet werden kann.
Ein bemerkenswertes Ergebnis.

Ich kann ausschließen, dass A unbeobachtet Flüssigkeit zu sich genommen hat. Seine mentalen und körperlichen Möglichkeiten ließen zu dieser Zeit gerade noch einen Transfer zum Toilettenstuhl neben seinem Bett zu. Zudem war sein Gesamtzustand so schlecht, dass ich mich fast die gesamte Zeit ( fast immer auch nachts) in seiner Nähe aufhielt.

## Biographische Begleitumstände zum empirischem Befund

A war schon ca. 15 Jahre vor den für Ihn dramatischen Geschehnissen im Oktober 1997 herzkrank. Er lag Anfang seiner Lebenssechziger wegen lebensbedrohlicher Herzrhythmusstörungen im Krankenhaus. Betablocker und Aspirin ermöglichten ihm dann aber doch wieder eine Aufnahme eines aktiven Lebens mit Reisen, der Aufnahme einer Lebenspartnerschaft und seinen ehrenamtlichen Aktivitäten. Bis unmittelbar vor dem Oktober 1997 fuhr er umsichtig Auto mit einer Jahreskilometerleistung von 30.000 km.

Aber auch die Phänomene des allmählichen körperlichen Leistungsrückgangs sollten nicht unerwähnt bleiben.
Zwischendurch musste wegen Aspirinüberempfindlichkeit auf Marcumar umgestellt werden.
Anfang der Lebenssiebziger fiel seine Fähigkeit ab, Spaziergänge mitzumachen und an Reisen in tropischen Ländern war nicht mehr zu denken. Zudem wurden nun auch die Fähigkeit zum Entwässern des Körpers immer schlechter.

Wasser war in den Beinen. Dies eskalierte so stark das Blut aus den Beinen austrat und die Beweglichkeit im allgemeinen immer weiter eingeschränkt wurde. Dies war letztendlich auch das Motiv für die koronare Untersuchung.

Theoretische Ableitungen

1) Der menschliche Körper ist in der Lage, zumindest im Zusammenhang mit eingelagertem Wasser, nicht nur in den äußeren Elektronenschalen Prozesse zu initiieren, sondern auch den Atomkern selbst zu verändern. Der Atomkern (Protonen, Neutronen) ist fast ausschließlich der Träger des Atomgewichts. Nur durch Veränderungen seiner Struktur ist der dramatische Wasserverlust ohne Änderung des Körpergewichts zu erklären.

Satz 1.0
Der menschliche Körper besitzt die Fähigkeit, die Struktur des Atomkerns der an der Bildung der Verbindung Wasser beteiligten Elemente zu verändern.

Satz 2.0
Der menschliche Körper ist in der Lage Ihm zugeführtes und eingelagertes Wasser in Masse und Volumen so zu minimieren, das dieses Wasser im externem Zustand in Volumen und Gewicht ein Mehrfaches der Körpermasse und des Körpervolumens betragen kann.

Satz 3.0

Der menschliche Körper besitzt die Fähigkeit das Massenerhaltungsgesetz beim Prozess der Überführung von

externen in eingelagertes Wasser nicht wirksam werden zu lassen. Es gilt hier nicht.
Die Veränderungen bei der Masse von eingelagertem Wasser gehen weit über den bekannten Massendefekt (Die Masse eines Nuklids ist stets kleiner als die Summe seiner Nukleonen) hinaus. Die Masse des Wassers im eingelagertem Zustand geht gegen Null. Das Volumen des eingelagerten Wasser ist gegenüber dem externen Zustand um ein Vielfaches verringert.
Diese Veränderungen bei eingelagertem Wasser gegenüber dessen Eigenschaften im externen Zustand sind als Phänomene der Veränderungen auf der Ebene des Nuklids und seiner ihn umgebenen Orbitale aufzufassen.

Für alle drei Sätze ist zu erwarten das ihr Gegenstandsbereich nicht nur auf den menschlichen Körper beschränkt ist, sondern das sie für eine Vielzahl von Organismen gültig sind.

Hier könnte sich eine Spekulation anschließen, wo diese Prozesse stattfinden. Da der Entwässerungsprozess mit Veränderungen am gesamten Körper (allmähliche, volumenmäßig geringe Zurückführung des Körperumfangs) könnte vermutet werden das diese Prozesse

organunabhängig in vielen Zellen stattfinden.
Hier in den Zellorganellen (z.B. Mitochondrien, Ribosomen).
Die Klärung dieser Frage bedarf einer umfassenden empirischen Forschung.

Hypothese 1.0
Der Prozess der Atomkernveränderung findet im menschlichen Körper in vielen verschiedenartigen Zelltypen statt und ist nicht auf ein bestimmtes Organ beschränkt.

Eine weitere Frage ist welche Prozesse im Nuklid stattfinden.
Der dramatische Verlust des Wassers an Masse und Volumen eingelagert im menschlichen Körper, lässt anhand
der zur Zeit zur Verfügung stehenden Theoriebildung der Elementarteilchen-Physik nur sehr begrenzt theoretische begründete Aussagen zu.

Eine ableitbare Hypothese ist die Fähigkeit des Körpers, Hadrone in Leptone zu überführen und diesen Prozess auch wieder umzukehren. Dies könnte die annährende Masselosigkeit des Wassers im Körper erklären. Vermutlich müssen für die Erklärung dieser Phänomene aber die bestehenden theoretischen Modelle noch erheblich ausgebaut werden.

Hypothese 3.0
Der menschliche Körper besitzt die Fähigkeit Hadrone in Leptone zu überführen
und diesen Prozess auch wieder umzukehren.

Der abrupte Verlust fast aller kognitiven Fähigkeiten und dem plötzlichen Auftauchen halluzinatorischer Inhalte im Denken von Person A schon nach wenigen Tagen Klinikaufenthalt im Rahmen einer koronaren Untersuchung ist mit hoher Wahrscheinlichkeit auf sehr starke Entwässerungstablettengaben zurückzuführen, die ihm in dieser Zeit gegeben wurden.

Im Lichte der hier beschriebenen Phänomene ist folgende Erklärung möglich.
Die massive Tablettengabe störte in zentraler Weise die biophysikalischen Prozesse , die zur Einlagerung des Wassers notwendig waren.

Die Einlagerung dieser großen Wassermengen in den Körper waren im übrigen in diesem Fall eine Notreaktion des Körpers. Das kranke Herz (Herzinsuffiziens) war nicht in der Lage in genügendem Maße dem Körper zugeführtes Wasser durch eine ausreichende Zirkulation des Blutes wieder über die Niere ausscheiden zu helfen.

Um den Untergang des Körpers zu verhindern wurde nun diese in der Evolution vermutlich schon früh entwickelte Fähigkeit des Körpers, nämlich Wasser in großen Mengen speichern zu können, aktiviert.

Hypothese 4.0
Bei Überforderung der Fähigkeit des Körpers zugeführtes Wasser wieder auszuscheiden wird dieses Wasser in großen Mengen gespeichert. Hieraus leiten sich wieder eine Vielzahl von weiteren Hypothesen ab.

Hypothese 5.0
Nicht nur der menschliche Organismus verfügt über die oben beschriebene Fähigkeit. Vermutlich wird auch eine Anzahl anderer lebender Organismen diese Fähigkeit besitzen.

Es ist anzunehmen, das diese Fähigkeit schon früh in der Evolution eingerichtet wurde. Sie löst das zentrale Problem des Lebens. Nämlich die Verfügbarkeit von Wasser für einen längeren Zeitraum. Diese Speicherfähigkeit wäre analog zur Fettbildung zwecks Speicherung von Energie für einen längeren Zeitraum zu sehen.

Der Vorteil im evolutionären Prozess ist naheliegend.

Zu untersuchen wäre, ob die Fähigkeit des Organismus zur Veränderung des Atomkerns sich auf Wasser beschränkt
Hier stellt sich die Frage, ob nicht eine Vielzahl von anderen Verbindungen auf der Ebene ihrer Elemente in menschlichen oder anderen Organismen im Atomkern verändert werden können.

Hypothese 6.0
Der menschliche Körper wie auch der Organismus anderer lebender Vielzeller und Einzeller ist in der Lage auch andere Verbindungen als Wasser auf der Ebene des Atomkerns der beteiligten Elemente zu verändern.

Man müsste die Überlegung wagen, dass diese

Prozesse nur deshalb noch nicht beachtet wurden

weil die Werkzeuge zu Ihrer Beobachtung noch

nicht geschaffen sind.

Dies ließe unter Umständen eine ganz neue Herangehensweise an biologische Prozesse zu.
Viele heute noch nicht erklärbare Phänomene, z.B. wie orientierten sich die Nervenzellen bei der Embryonalentwicklung im Raum, so dass sie gemeinsame Netze bilden u.s.w., könnten geklärt werden.
Viele heute noch nicht verstehbare Krankheitsabläufe könnten theoretisch fundamentaler erfasst werden.

Bestätigt sich die Hypothese, dass eine Anzahl von biochemischen Prozessen und Zuständen auf Veränderungen des Atomkerns beruhen, würde dies eine eigenständige wissenschaftliche Disziplin rechtfertigen. Ich schlage für diese neue Wissenschaftsdisziplin den Namen Kosmo-Exegese vor.

Erwähnenswert wäre auch der Aspekt, dass man solche Prozesse nur auf der Sonne erwartet, bei sehr hohen Temperaturen und nicht bei biologischen Wesen und Körpertemperatur.

Wie ist so etwas möglich?

Nun man könnte so etwas wie eine physikalische Evolution postulieren. Eine Evolution, die über die bloße Anhäufung von Protonen und Neutronen zu immer größeren Kernen hinausgeht.
Es könnte sein, das den uns im Bereich des Lebens bekannten Prozess der Vererbung durch die DNA ein analoger Prozess im Bereich der Elementarteilchen vorzufinden ist.

Das heißt, dass die Elementarteilchen die in der Sonne stattgefundenen Prozesse ebenfalls gespeichert haben und dieses Wissen in den biologischen Prozess mit einbringen; diesen Prozess im guten Sinne aufheben. Das es eine Kommunikation zwischen Elementarteilchen und der für uns sichtbaren Prozesse gibt.

Es kann natürlich auch sein das die Fähigkeit zur Kernveränderung einfach nur durch evolutionäre Prozesse im Bereich der biologischen Evolution zustande kam, weil sie für die Organismen einen evolutionären Vorteil boten.
Es ist abschließend ein Ausblick zu geben, welche praktischen Konsequenzen die Bestätigung der Fähigkeit von Organismen zur Kernveränderung haben.
Es ist es sicherlich nur eine Frage der Zeit bis Menschen diese Prozesse technisch nachvollziehen können.
Wobei dies auch Zeiträume von Jahrhunderten benötigen kann.

Die Beherrschung einer solchen Technologie setzt natürlich ungeheuren Zuwachs an instrumentellen, theoretischen und Prozesswissen voraus.

Die Konsequenz wäre die Möglichkeit zur Schaffung ganz anderer Lebensformen, als wir sie auf der Erde kennen.

Auch gezielte Veränderungen im Bereich der Physik wären denkbar, wobei die Überführung von einem Element in ein Anderes noch die am wenigstens Spektakulärste wäre.

In jedem Fall würde eine solche Technologie einen gewaltigen Aufschwung an Moral und Wissen über soziale menschliche Prozesse voraussetzen. Ein menschliches Handeln, das sich insbesondere auf den Aggressions- und Dominanztrieb gründet, würde hier in den kollektiven Untergang führen.

## Vorschläge zur Überprüfung des Befunds

Um meine an einem Einzelfall verifizierten Beobachtungen, Hypothesen und Sätze weiter empirischer Überprüfung zuzuführen, empfehle ich, bei herzkranken Menschen mit langwierigen Wasseransammmlungen (kardinale Ödeme) auch langfristige Messungen des Wasserhaushalts zu unternehmen.

Das Phänomen der Wassereinlagerung bis zum Mehrfachen des Gesamtkörpergewichts ist auch bei gesunden Personen zu beobachten. Zum Beispiel, wenn in sehr extremer Weise der Rat heutiger Diätprotagonisten befolgt wird und in großen Mengen täglich Flüssigkeit zugeführt wird. Wird dies über einen langen Zeitraum gemacht und die Fähigkeit des Körpers zur Entwässerung dabei jeweils überschritten, kommt es zu den oben beschriebenen Phänomenen.

Das Phänomen massiver Wassereinlagerungen bei gesunden Personen

Das Entwässerungsgeschehen kann sich auch bei gesunden Personen über Monate und Jahre hinziehen.
Ein solches Beispiel konnte ich in den letzten zehn Jahren in meinem unmittelbaren persönlichen Umfeld beobachten. Die theoretische Entschlüsselung des Geschehens ist mir aber erst im Rahmen dieser Arbeit möglich geworden.

Die betroffene Person schilderte mir vor ca. 10 Jahren, das sie nun ein gesundes Leben nach modernsten Diätgesichtspunkten führen wollte. Dies im Dienste von Gesundheit und einer guten Figur. Dazu zählte eine fettreduzierte, kalorienarme, vielseitige Kost und tägliches Langlaufen. Zudem sollte zwecks besserer Durchspülung der Niere die tägliche Wasserzufuhr deutlich erhöht werden. Ich konnte über die Jahre hinweg beobachten, das die Vorsätze zu festen Bestandteilen des Lebensalltags wurden.
Im Gegensatz zu den Erwartungen in Richtung straffer Körper, bildeten sich aber über die Jahre hinweg insbesondere im Bauchbereich Aufblähungen, die der Person und mir unklar blieben, da das Sportprogramm aufrecht erhalten wurde und die Kost spartanische Ausmaße annahm.
Als ich vor ca. einem dreiviertel Jahr aufgrund meiner Pflegetätigkeit zu den in diesem Bericht aufgeschriebenen Reflexionen über Wasserhaushalte in menschlichen Organismen kam, gab ich meinem Bekannten den Rat doch die tägliche Wasserzufuhr drastisch zu senken und

sich langfristig tägliche Notizen über seinen Wasserhaushalt ( Zufuhr und Abfluss) zu machen. Und tatsächlich stellte sich das erwartete Ergebnis ein. Während die aufgenommene Flüssigkeitsmenge auf ca. 1 Liter reduziert wurde, blieb die tägliche Urinmenge bei ca. 3 Litern.(gemessen durch eine extra angeschaffte Urinflasche). Dieser Vorgang dauert nun ca.200 Tage an. Begleitet war dies von allmählicher Volumenabnahme im Brust-, Becken- und Bauchbereich. Auch das Gesicht gewann Konturen. Dieser Prozess kann bei Betrachtung der äußerlichen Erscheinung sicher noch über einen längeren Zeitraum fortgesetzt werden.
An dieser Stelle muss ich sagen das diese Zu- und Abflussdaten von meinem Bekannten erstellt wurden.
Ich kenne ihn allerdings als gewissenhaften Menschen und gehe von deren Korrektheit aus.
Dieses Beispiel zeigt mir erneut das die grundsätzliche Ursache für den Aufbau großer eingelagerter Wassermengen die Diskrepanz zwischen zufließender Flüssigkeit und der maximalen individuellen Entwässerungsmöglichkeit des Einzelnen ist.
Mein Bekannter schätzte seine tägliche Wasseraufnahme vor der Entwässerungsphase auf 4-6 Liter in Form von Tee und Mineralwasser ein. Dies befördert durch seine Einstellungen überstieg wohl sein Entwässerungsvermögen um eine gewisse Flüssigkeitsmenge.
Dies akkumulierte über die Jahre hinweg zu einem Betrag, der ein Mehrfaches seines gesamten Körpergewichts ausmacht.

Auch bei diesem Fall blieb das Körpergewicht während der Entwässerungsphase nahezu unverändert.(Diesen Messvorgang konnte ich inklusive Messergebnis einmal wöchentlich beobachten.)
Der gesundheitliche Status ist bei dem Aufbau eines großen Wasserüberhangs also nicht entscheidend, sondern das langfristige sich akkumulierende Übersteigen der individuellen Entwässerungsmöglichkeiten.

Register

Aggressionstrieb 16
Atomgewicht 9
Atomkern 9
Atomkernveränderung 11
Biochemische Prozesse 14
biophysikalische Prozesse 12
DNA 15
Dominanztrieb 16
Elektronenschalen 9
Element 14
Elementarteilchen 15
Elementarteilchen-Physik 11
Embryonalentwicklung 14
Entwässerungsprozess 12
Entwässerungsüberschuss 6
Evolution 12,13
Halluzinatorisch 4, 12
Hadrone 11
Herzrhythmusstörungen 8
Herzinsuffizienz 12
kardinale Ödeme 17
katheterisiert 4,5,6
Körpergewicht 9
Körperumfang 10
Kognitiv 12
Kommunikation 15
koronare Untersuchung 12
Kosmo-Exegese 14
Krankheitsabläufe 14
Massenerhaltungsgesetz 9
Mitochondrien 11

Leptone 11
Nervenzellen 14
Neutronen 9,15
Nuklid 10
Nukleonen 10
Orbitale 10
Organ 11
Organismus, menschlicher 13
physikalische Evolution 15
Protonen 9,15
Ribosomen 11
Technologie 16
Wasserhaushaltstagesbilanz 6
Wasserhaushaltsjahresbilanz 6
Zellorganellen 11

Über den Verfasser

Jürgen Bachmann: geb. 1958 in Bremen. Nach dem Abitur studierte er Psychologie in Berlin.

Arbeitete in der Wirtschaft im Bereich Marketing und Organisation

www.ingramcontent.com/pod-product-compliance
Lightning Source LLC
Chambersburg PA
CBHW050025230526
45470CB00003B/1128